Albert de Remacle

Le Delta du Rhône

Étude

 Le code de la propriété intellectuelle du 1er juillet 1992 interdit en effet expressément la photocopie à usage collectif sans autorisation des ayants droit. Or, cette pratique s'est généralisée dans les établissements d'enseignement supérieur, provoquant une baisse brutale des achats de livres et de revues, au point que la possibilité même pour les auteurs de créer des œuvres nouvelles et de les faire éditer correctement est aujourd'hui menacée. En application de la loi du 11 mars 1957, il est interdit de reproduire intégralement ou partiellement le présent ouvrage, sur quelque support que ce soit, sans autorisation de l'Éditeur ou du Centre Français d'Exploitation du Droit de Copie , 20, rue Grands Augustins, 75006 Paris.

ISBN : 978-1987483871

10 9 8 7 6 5 4 3 2 1

Albert de Remacle

Le Delta du Rhône

Étude

Table de Matières

Introduction	7
Section I	7
Section II	11
Section III	18
Section IV	21

Introduction

Tous ceux, — et le nombre en est grand, — qui, de Lyon à Arles, ont suivi la grande ligne du chemin de fer de Paris à Marseille ont pu admirer le cours pittoresque du Rhône, dans sa partie intermédiaire. Au-dessous d'Arles, le grand fleuve est beaucoup moins connu. Son aspect, pour différer du cours supérieur, n'en est cependant pas moins remarquable. Sorti de la vallée qu'il a si longtemps suivie, le Rhône, grossi de tous ses affluents, coule à pleins bords vers la mer prochaine, à travers une plaine immense et fertile. Ses ondes lasses, selon la belle expression du grand poète provençal, s'étendent sur une largeur qui dépasse souvent un kilomètre. On admire la majesté de son cours, en même temps que l'on s'étonne de la solitude de ses eaux. Pourquoi cette magnifique voie naturelle n'est-elle pas mieux utilisée ? Faut-il en accuser la nature ou les hommes ? Le plus grand fleuve de France n'est-il bon à autre chose qu'à être contemplé par ses riverains, et par les rares curieux qui visitent son embouchure ? L'intérêt que présentent ces questions n'est pas de ceux qui s'épuisent. Il acquiert d'ailleurs un caractère particulier d'actualité en ce moment où, pour la quatrième fois en ce siècle, de nouveaux et coûteux efforts vont être tentés pour tirer meilleur parti de la navigation du Rhône, à cette heure où l'agriculture du delta semble se dégager de ses antiques errements pour entrer dans la voie féconde des méthodes nouvelles. C'est pourquoi, même après les écrivains distingués qui ont traité ces questions, il peut rester quelque chose à dire des grands services que le Rhône a rendus aux pays que baigne son cours inférieur, et de ceux qu'il est encore appelé à leur rendre.

Section I

Le Rhône, aux temps préhistoriques, se jetait à la mer dans un golfe de forme triangulaire dont le sommet était à Tarascon et la base de Fos à Cette. L'immense plaine qui remplit aujourd'hui cet espace est la création ou l'œuvre du Rhône et sa formation est le premier des bienfaits que nous devons à ce fleuve. Cette formation a eu plusieurs phases distinctes. A l'origine, un cataclysme inconnu a jeté dans le lit du golfe la couche de cailloux agglomérés qui forme le substratum du Delta et dont une partie émerge encore dans la Crau. C'est sur cette couche que le fleuve est venu apporter le dépôt plus ou moins lent de ses limons. Si nous en jugeons par la puissance du glacier qui donnait naissance au Rhône à l'époque quaternaire, les premiers dépôts qui ont suivi le diluvium ont dû être aussi rapides qu'abondants. Ce glacier s'étendait sur quatre cents kilomètres de longueur et sur une largeur de cent kilomètres au moins. Son épaisseur atteignait en certains points jusqu'à treize cents mètres. Il est évident que le débit de l'émissaire de cette masse énorme de glace devait être de beaucoup supérieur au débit actuel, et que la puissance d'érosion et la faculté de dépôt du fleuve étaient proportionnées à son débit. A mesure que les glaciers ont reculé, la masse des eaux auxquelles ils donnaient naissance a diminué, en même temps que la quantité de limon transportée. Aujourd'hui, le glacier du Rhône n'a plus que huit ou dix kilomètres de développement. Le Rhône, à la hauteur moyenne de 2m, 66 au-dessus de l'étiage, débite à Arles 3 093 mètres cubes à la seconde, et l'apport annuel de ses dépôts à la mer est évalué à 17 millions de mètres cubes. Les trois quarts de ces dépôts sont entraînés au large par les courants, un quart environ se soude à la terre ferme. Ce rapport correspond théoriquement à un gain annuel sur la mer de 400 hectares.

Les dépôts charriés par le Rhône, en se décantant dans l'eau calme et pure de la mer, ont formé des alluvions qui ont successivement transformé le golfe préhistorique d'abord en lagune, puis en un archipel dont les innombrables îlots se sont soudés les uns aux autres, à mesure que les canaux qui les séparaient se sont comblés. Les premiers documents que nous apporte la période historique nous montrent ce travail déjà accompli. Le delta est formé. Le Rhône se divise à Arles en deux branches enserrant l'île de la Camargue, que sillonnent trois bras secondaires destinés à être bientôt comblés. L'avancement des alluvions dans la mer est moindre qu'aujourd'hui. Mais la différence n'est pas aussi considérable qu'on pourrait le croire, car l'itinéraire maritime d'Antonin place la principale des embouchures à trente milles (44 kilomètres) d'Arles.

Les terres les plus rapprochées du fleuve, recevant plus

fréquemment que les autres la visite des eaux chargées de limon, sont aussi celles qui s'exhaussent le plus rapidement. D'autre part, l'action incessante des vagues forme tout le long du rivage de la mer un cordon ou bourrelet littoral qui retient les eaux superficielles. De cette double cause résulte la classification des terrains alluvionnaires. Les plus voisins du fleuve sont les plus fertiles. Les plus éloignés sont à l'état de marais ou d'étangs, et les terres intermédiaires sont plus ou moins propres à la culture, selon qu'elles sont plus ou moins élevées. Telle était l'œuvre de la nature dans le delta du Rhône à l'époque où commence l'histoire.

Si le Rhône avait été laissé à lui-même, il aurait parachevé son œuvre, en colmatant progressivement tous les terrains tributaires de ses eaux. Les étangs seraient aujourd'hui des marais ; les marais des terres arables ; les terres basses et stériles des terres de première qualité ; mais, de bonne heure, la prudence à courte vue des hommes a contrarié l'action de la nature.

Lorsque les terres, voisines du Rhône eurent été mises en culture, leurs propriétaires ne tardèrent pas à constater que les crues du fleuve compromettaient trop fréquemment leurs récoltes. Pour se préserver de cet inconvénient, ils entourèrent leurs domaines de levées en terre. L'exemple se propagea de proche en proche ; les levées se soudèrent les unes aux autres, et le fleuve finit par être enserré entre des lignes ininterrompues de digues insubmersibles. Par la suite des temps, les propriétaires s'entendirent pour entretenir et pour fortifier ces chaussées. Les autorités locales, au nom de l'intérêt collectif, réglementèrent les associations ainsi formées. Enfin l'Etat omnipotent, se substituant aux pouvoirs locaux, décréta la réunion en grands syndicats des associations librement constituées et leur imposa l'étroite réglementation qui les régit aujourd'hui.

Il existe actuellement quatre grandes associations des chaussées en aval d'Arles. L'association ou syndicat du Plan du Bourg, sur la rive gauche du grand Rhône, protège les terrains d'Arles à la mer. Ses digues ont une longueur de 40 800 mètres ; leur entretien coûte 25 000 francs par an. Le syndicat de la Camargue défend l'île de ce nom. Ses digues ont un développement de 40 360 mètres sur le grand Rhône et de 54 300 mètres sur le petit Rhône. Leur entretien annuel absorbe 50 000 francs. Le syndicat de Beaucaire à la mer protège la riche plaine du Gard qui longe la rive droite du petit Rhône. La longueur de la digue est de 57 000 mètres, la dépense annuelle de 30 000 francs. Enfin le syndicat de la Digue à la mer défend la Camargue contre les incursions de la mer. Sa digue a une longueur de 41 358 mètres de l'embouchure du grand Rhône à celle du petit Rhône. L'entretien coûte 10 000 francs par an.

L'établissement de ces grands ouvrages a eu des conséquences qui n'ont pas toujours été heureuses. Sans doute, les récoltes ont été protégées et les revenus ont été régularisés. Mais ces avantages ont été achetés au prix de l'amélioration du fonds. Une seule crue dépose jusqu'à 0m, 30 d'un limon très fertile. Combien serait riche aujourd'hui le delta du Rhône, s'il n'avait été privé depuis des siècles du bénéfice des crues du fleuve ! Quand les eaux de crue se répandent naturellement, leur progression est lente et régulière et leur écoulement s'opère normalement. Au contraire, lorsque l'inondation a lieu par suite de la rupture d'une digue, il se produit une chute de plusieurs mètres et des courants violents qui ravinent les terres au lieu de les chausser. La rapidité foudroyante de l'arrivée des eaux surprend les cultivateurs et ne leur laisse pas le temps de sauver leurs denrées et leurs bestiaux. L'inondation prend alors les proportions d'une calamité. C'est ce qui s'est produit trop souvent dans la région du Rhône inférieur. Les dernières grandes inondations, celles de 1840 et de 1856, ont entraîné des pertes énormes dans le delta.

Je ne veux pas faire ici un trop facile parallèle entre le delta du Rhône et celui du Nil. Les analogies entre ces deux territoires sont frappantes ; mais, tandis que l'industrie des Egyptiens a tiré les plus grands profits des crues du Nil, nous n'avons pas su trouver encore le moyen d'utiliser l'action fécondante des crues du Rhône.

Il est évident qu'il n'y aurait pas de culture régulière possible, si les terres devaient être exposées à être submergées par toutes les crues du Rhône. Mais entre l'absolue liberté du fleuve et son endiguement continu, il pouvait y avoir un moyen terme. Tout en protégeant les récoltes sur pied, on aurait pu aménager les terrains de telle façon qu'il fût possible de dessaler et de colmater les terres basses ou incultes, en y introduisant les eaux du Rhône, lorsqu'elles sont chargées de limon. L'assolement biennal qui a été jusqu'à présent la règle dans les cultures de la région se serait très bien prêté à cette pratique. On aurait ainsi obtenu des améliorations foncières très considérables. Le Rhône, soulagé d'une partie de ses eaux en temps de crue, n'aurait plus atteint les hauteurs énormes qui déterminent la rupture des digues ; ses eaux, arrivant à la mer dépouillées de la plus grande partie de leurs sédiments, n'auraient pas envasé aussi rapidement les embouchures. De grands bénéfices auraient été acquis, de grands maux évités. Malheureusement, il n'en a pas été ainsi ; les riverains du Rhône inférieur ont sacrifié l'avenir au présent, et nous portons la peine de leur imprévoyance. Ce qui aurait été facile, lorsque les cultures étaient beaucoup moins étendues, est devenu impossible aujourd'hui que l'exploitation du sol a pris des proportions plus grandes et reçu de coûteux aménagement. Mais, en bonne justice, c'est à l'impéritie des hommes que nous devons nous en prendre si l'œuvre du Rhône n'est pas plus parfaite. Le fleuve nous a donné tout ce qu'il pouvait nous donner, et ses présents, bien que nous les ayons limités, ont encore la plus haute valeur : nous allons nous en convaincre.

Section II

On désigne sous le nom de delta du Rhône le territoire de forme triangulaire qui s'étend entre Beaucaire, Fos et Aigues-Mortes. Les terrains d'alluvion situés plus à l'ouest ne sont pas compris dans cette dénomination : formés les premiers, par suite de la loi qui influence en sens contraire du mouvement de la terre l'action des fleuves parallèles au méridien, ils ont cessé depuis des siècles d'être soumis à l'action du Rhône.

Le rapide coup d'œil que nous venons de jeter sur la formation des terrains du delta a déjà pu donner une idée de leurs caractères généraux. La terre végétale qui les constitue a une épaisseur qui varie de 5 à 10 mètres. Leur degré de fertilité se mesure à leur altitude et les plus grands écarts de cette altitude n'excèdent pas 2 ou 3 mètres. Comme ces terres reposent sur des couches anciennes imprégnées d'eau de mer pendant de longs siècles, l'évaporation énergique provoquée par l'action du soleil, très ardent en été sous cette latitude, fait remonter le sel à la surface par un effet de capillarité. Ce sel, qui miroite en larges plaques blanches dans les parties basses, est destructeur de la végétation. C'est le plus grand obstacle à la culture dans cette région. Pour le combattre, il faut d'abord dessaler la terre en la maintenant longtemps sous une couche d'eau douce, puis la recouvrir d'un manteau de végétation afin de la soustraire à l'action directe des rayons solaires. Nous verrons plus loin comment l'agriculture locale résout ce problème.

Le classement et le mode d'exploitation des terres se règle d'après leur altitude. Les terrains les plus bas sont recouverts par les eaux et constituent les nombreux étangs du littoral. On y exploitait autrefois des pêcheries qui n'existent plus, depuis que l'interposition de la digue à la mer empêche le poisson de mer de pénétrer dans les étangs. A une altitude supérieure, la terre se recouvre d'une végétation paludéenne, les marais produisent des roseaux qui se vendent comme litière, des ansérines et des cypéracées recherchées pour la confection des sièges de paille et dont la plus grande partie s'exporte en Chine. Sur les bords des marais s'étendent des terres vagues dont la végétation n'est pas utilisable. C'est la région des *engano* ou salicornes ligneuses. Le terrain supérieur est à l'état de prairies naturelles plus ou moins riches. L'herbe savoureuse, mais trop courte pour être fauchée, est consommée sur pied par les bêtes à laine qui constituent une des richesses du pays. Enfin, les terres les plus élevées sont consacrées à la culture des céréales, des vignes et des fourrages artificiels.

Dans toutes les parties du territoire baignées par les eaux du Rhône, la végétation est luxuriante. L'ormeau, le peuplier blanc de Hollande, le frêne et le chêne y atteignent de majestueuses proportions. Le pin parasol y formait autrefois des forêts dont les défrichements n'ont laissé subsister que quelques pittoresques vestiges. Le tamaris abonde dans les terrains bas que la statice recouvre d'un tapis bleu du plus bel effet. Sur les plages salines, le mirage déploie sa décevante fantasmagorie.

Quelques espèces animales particulières au pays en complètent la physionomie. Les marais nourrissent des taureaux noirs et des chevaux blancs, les uns et les autres de petite taille, dont l'origine est inconnue. L'introduction de ces races dans la région remonte certainement à une haute antiquité. Ces animaux vivent en liberté dans un état de demi-sauvagerie. Le delta nourrit en outre 250 000 bêtes à laine environ. Mais, depuis le commencement de ce siècle, des croisements répétés ont substitué le sang mérinos d'Espagne à la race ovine autochtone.

Le spécimen le plus curieux de la faune du bas Rhône est le castor. C'est le seul pays d'Europe où subsiste encore cet animal. On le trouve sur les rives du grand et du petit Rhône. Il ne vit pas en colonies, comme ses congénères d'Amérique, mais par couples isolés, et se creuse dans la berge du fleuve des terriers dont l'ouverture inférieure débouche dans l'eau, tandis que l'orifice supérieur s'ouvre en terre ferme. Les paysans lui font la guerre parce qu'il ronge les jeunes oseraies, et plus encore par instinct de destruction. Aussi devient-il plus rare de jour en jour.

Les oiseaux aquatiques qui hantent les étangs et les marais du delta sont aussi nombreux que variés. De tous ces oiseaux, le plus remarquable est le flamant rose. Ce grand échassier est très commun sur les bords de l'étang du Vaccarès où il niche. Il est très difficile à approcher, mais les braconniers du pays ont trouvé un moyen plus sûr que le fusil pour le détruire. Sous l'œil paterne de la gendarmerie, ils dévalisent les nids : notre législation ne protège que les petits oiseaux.

Le domaine des eaux est assez pauvre. Le Rhône est très peu poissonneux. Le seul des poissons qu'on y trouve qui mérite d'être cité est l'esturgeon. Au moyen âge, ce poisson était si commun à Arles que la préparation du caviar était une des industries du pays. On en pêche encore quelques-uns entre Arles et Tarascon.

Tout comme l'Algérie, la Camargue est périodiquement ravagée par les sauterelles. Ces insectes destructeurs ne laissent sur leur passage pas une feuille, pas un brin d'herbe. Heureusement, ils ne dépassent guère le centre de l'île.

Ce tableau serait incomplet si j'omettais de parler des moucherons. Le delta du Rhône en est infesté. Ils pullulent surtout dans les terres voisines des marais. Au printemps et à l'automne, on est souvent obligé d'interrompre les travaux des champs, tant ils sont incommodes aux hommes et aux bêtes de somme. C'est d'ailleurs le moindre de leurs méfaits, s'il est vrai, comme l'affirme la science moderne, qu'ils inoculent à l'homme le microbe de la fièvre paludéenne. Cette fièvre a été longtemps endémique dans la région. Elle devient de plus en plus rare à mesure que progresse le dessèchement des marais.

Le climat de la région du bas Rhône est tempéré. Dans les années ordinaires, la température oscille entre — 2°, l'hiver, et + 32°, l'été. La sécheresse est malheureusement trop fréquente. Elle est aggravée par l'évaporation puissante produite par le vent dominant de la vallée du Rhône, le mistral, vent du nord-ouest qui emporte à la mer les miasmes et les moustiques, mais qui dessèche à l'excès la couche de terre superficielle. Il arrive trop souvent que les récoltes sont compromises faute de pluie.

Le Rhône, en se divisant à Arles en deux branches, partage son delta en trois divisions naturelles : l'île de Camargue, entre le grand et le petit Rhône ; le Plan du Bourg, sur la rive gauche du grand Rhône ; la plaine du Gard, sur la rive droite du petit Rhône.

L'île de Camargue forme un triangle à peu près équilatéral, de 45 kilomètres de côté environ. Sa superficie n'est pas moindre de, 75 000 hectares. Sur cette superficie, les terres arables occupent 13 000 hectares, les pâturages 41 000 hectares, les marais 9 000 hectares, les étangs 12 000 hectares. L'étang salé du Vaccarès, au centre de l'île, recouvre à lui seul 6 500 hectares. La plus grande partie de la Camargue appartient à la commune d'Arles, qui s'étend sur 57 000 hectares. Le surplus (18 000 hectares) dépend de la commune des Saintes-Mariés. Ce dernier bourg, situé à l'embouchure du petit Rhône, est la seule agglomération importante de l'île : il ne compte pas plus de 600 habitants. L'île entière en renferme 4 000.

Le Plan du Bourg a 16 000 hectares de superficie, dont 6 000 hectares en terres arables, 6 000 hectares en pâturages et 4 000 hectares en marais et en étangs. Il renferme le port Saint-Louis à l'embouchure du grand Rhône et dépend pour sa presque totalité de la commune d'Arles et pour le surplus de la commune de Fos.

La plaine du Gard comprise dans le delta mesure 45 000 hectares de surface. Elle se répartit entre les communes de Beaucaire, Fourques, Bellegarde, Saint-Gilles, Redessan, Jonquières, Manduel, Bouillargues, Garons, Saint-Laurent d'Aigouze et Aigues-Mortes. Les terres arables représentent à peu près la moitié de la superficie totale. Dans cette division est comprise la petite Camargue ou *Sauvage*, territoire de 10 000 hectares séparé de la grande

Camargue par un déplacement moderne de l'embouchure du petit Rhône. Ce quartier bien nommé est recouvert par des monticules de sable jadis boisés en pins, partiellement convertis en vignobles qui, après avoir eu quelques années de grande prospérité, périssent à mesure que les racines de la vigne parviennent à la couche de terre salée que recouvre le sable. Les propriétaires auraient été mieux inspirés s'ils avaient complanté ces terrains en pins à résine.

Tel est, décrit dans ses grandes lignes, le vaste territoire dont le Rhône nous a fait don. Voyons maintenant quel est le parti que l'homme a su tirer des libéralités de la nature.

Le fonds déterre constitué par les alluvions du Rhône est excellent, car les limons du fleuve sont très féconds, et ce n'est pas la profondeur qui leur fait défaut. Mais, comme on a pu le voir par ce qui précède, la culture y rencontre trois obstacles majeurs : les eaux superficielles, dont la faible pente du sol ne suffit pas à assurer l'écoulement naturel ; le sel des couches inférieures qui détruit la végétation en remontant à la surface ; la sécheresse fréquente qui compromet les récoltes par le défaut d'humidité. Pour combattre ces trois ennemis de la culture, il faut dessécher les terrains, les dessaler, les irriguer. La faible proportion des terres arables dans la totalité des surfaces démontre que ces conditions sont très imparfaitement remplies.

L'œuvre du dessèchement est très inégale dans les différentes parties du delta. Dans le Plan du Bourg, elle est assurée d'une manière satisfaisante par un ensemble d'ouvrages construits au XVIIe siècle par des ingénieurs hollandais et complétés par l'établissement du canal de navigation d'Arles à Bouc. Dans la plaine du Gard, il n'y a pas d'œuvre d'ensemble : le dessèchement est plus ou moins complet, selon que fonctionnent les ouvrages partiels établis. En Camargue, il n'existe pas non plus d'œuvre complète. Les propriétaires ont creusé à leurs frais quelques émissaires dont le fonctionnement est très imparfait. Pour dessécher complètement l'île, il faudrait conduire toutes les eaux jusqu'aux bords de la mer par un réseau de canaux, et les déverser à la mer par des machines élévatoires. C'est une œuvre qui ne peut être entreprise que par l'Etat ou par la collectivité des propriétaires. Elle se poursuit avec succès dans les étangs du bas Plan du Bourg, mais sur une échelle restreinte et grâce à une large garantie des intérêts de l'État.

Pour dessaler et pour irriguer les terres, il serait nécessaire de pouvoir y amener les eaux du Rhône par des canaux en relief. C'est ce qui n'existe dans aucune des parties du delta. Cette amélioration est étroitement liée au dessèchement, car il ne suffit pas d'amener les eaux sur les terres, il faut pouvoir les écouler. Si l'on tient compte de l'étendue des surfaces qu'il s'agit d'améliorer, on peut se faire une idée de l'importance de la dépense que comporterait l'œuvre combinée du dessèchement et de l'irrigation du delta du Rhône. A plusieurs reprises on a tenté de résoudre le problème. Divers projets, savamment étudiés, ont été proposés ; mais tous ont échoué devant les difficultés financières de l'entreprise.

L'agriculture est éprouvée dans la région du bas Rhône comme dans le reste de la France, plus éprouvée même qu'ailleurs, car la rareté de la main-d'œuvre y maintient le régime de la grande propriété et les anciennes méthodes de culture. Sans doute, les améliorations projetées procureraient une très grande plus-value aux propriétés ; mais les propriétaires obérés sont hors d'état d'en supporter les frais. Ils font pourtant ce qu'ils peuvent avec les moyens restreints dont ils disposent. Ils ont creusé des canaux pour dessécher leurs terres, pour y amener les eaux du Rhône. Dans ces dernières années, ils ont créé à grands frais des vignes submersibles. Pour submerger ces vignes, ils ont établi des machines élévatoires qu'ils utilisent en été pour les irrigations. Les capitaux employés depuis vingt-cinq ans en améliorations foncières dans le delta dépassent vingt millions. L'emploi des machines agricoles, moissonneuses, faucheuses, batteuses, etc., est général. Les engrais chimiques se vulgarisent de plus en plus. Les voies de communication, autrefois impraticables pendant une partie de l'année, sont aujourd'hui empierrées et bien entretenues ; quatre lignes de chemins de fer desservent le delta : la ligne d'Arles à Saint-Louis-du-Rhône en Plan du Bourg, celles d'Arles à Giraud et d'Arles aux Saintes-Maries en Camargue, et la ligne d'Arles à Lunel dans la plaine du Gard, sans parler de la ligne nouvelle qui va relier directement Arles à Nîmes. Le progrès est lent, mais continu. Comment pourrait-il être plus rapide, dans un pays auquel les capitaux font défaut aussi bien que les bras, parce qu'il est exclusivement agricole et qu'il manque de population ? La Camargue ne compte qu'un habitant pour vingt hectares : cela suffit à expliquer sa situation agricole.

Pour compléter cet aperçu de l'agriculture du delta du Rhône, il ne me reste qu'à passer rapidement en revue ses produits actuels. Le produit des étangs se limite à la pêche et à la chasse : il est à peu près nul. Les marais sont beaucoup plus productifs : ils fournissent des roseaux et des litières qui se vendent bien ; les plus grossiers nourrissent des taureaux et des chevaux camargues. Les taureaux se louent pour les courses, fort en vogue dans la région, et procurent des profits assez importants à leurs propriétaires. Les chevaux étaient employés autrefois au dépiquage, mais les batteuses à vapeur les ont remplacés dans cette fonction. Leur élevage donne fort peu de bénéfices : aussi tendent-ils à disparaître. Depuis trente ans, leur effectif est tombé de 4 000 à 1 500 têtes. Les bœufs de Camargue sont encore au nombre de 4 500 environ ; au siècle dernier, on n'en comptait pas moins de 16 000. La partie du delta comprise dans la commune d'Arles nourrit 250 000 bêtes à laine. Malgré la dépréciation des laines, cet élevage est encore l'une des branches les plus prospères de l'agriculture du pays.

La culture la plus répandue dans les terres arables est celle des céréales. On récolte annuellement, dans les plaines du bas Rhône, environ 200 000 hectolitres de blé et 80 000 hectolitres d'orge et d'avoine. L'assolement est biennal. Mais on tend à faire porter la terre tous les ans, en variant les cultures et en employant les engrais chimiques. Les fourrages artificiels, luzerne, trèfle, sainfoin, etc., viennent après les céréales, dans l'ordre d'importance des cultures. Ils donnent de nombreuses coupes et de très bonnes récoltes, surtout lorsqu'ils sont arrosés en été. Je cite pour mémoire la culture du riz, dont le principal objet est de dessaler la terre, mais qui donne en même temps de très beaux produits. Les terres du delta sont très fertiles et se prêtent aux cultures les plus riches. La garance, les chardons y donnaient de grands profits, lorsque les prix étaient rémunérateurs. La ramie y vient très bien, de même que le coton. La cherté de la main-d'œuvre est le seul obstacle qui s'oppose à cette dernière culture.

Dans ces dernières années, la culture de la vigne a pris une très grande extension dans la région du bas Rhône, où elle était très peu répandue. Cette extension est due à la facilité que donne le voisinage du Rhône pour combattre le phylloxéra par la submersion. Elle serait beaucoup plus considérable si l'avilissement du prix des vins n'avait découragé beaucoup de propriétaires. Le produit moyen du delta n'est pas moindre de un million d'hectolitres. Malgré les méventes et l'élévation des frais de premier établissement, la viticulture est encore la branche la plus lucrative de l'agriculture locale. Son introduction peut être considérée comme un grand bienfait pour le pays, car, outre les profits directs qu'elle laisse, elle est le point de départ des principales améliorations agricoles. Ainsi que je l'ai dit plus haut, les machines qui servent à élever les eaux de submersion en hiver sont utilisées en été pour les irrigations, qui se développent rapidement. L'initiative individuelle des propriétaires obtiendra ainsi petit à petit les résultats d'ensemble qu'il n'a pas encore été possible de demander à leur action collective. Et ce sera encore le Rhône qui, après avoir formé les terres de son delta, deviendra l'agent le plus actif de leur amélioration.

Section III

Le Rhône ne s'est pas borné à créer les territoires au milieu desquels il débouche à la mer et à les féconder. Il a ouvert la voie à la civilisation dans l'ancienne Gaule et, pendant de longs siècles, il a été l'instrument le plus actif des échanges entre notre pays et tout le bassin de la Méditerranée. Les services commerciaux qu'il rend encore de nos jours sont trop importants pour être passés sous silence. Nous en ferons le relevé, après avoir sommairement examiné les conditions de navigabilité du bas fleuve qui nous occupe plus particulièrement.

Ces conditions ont subi de nombreuses modifications depuis l'antiquité. Les trois bras secondaires, mais navigables, qui traversaient la Camargue se sont successivement atterris vers la fin du moyen âge. Dans la période moderne, la navigation a complètement abandonné le petit Rhône, dont le cours sinueux ne lui offrait pas assez de profondeur. Seul, le grand Rhône ou Rhône d'Arles a continué à être fréquenté par les navires de mer et par les bateaux de rivière. C'est cette partie du fleuve que l'on désigne sous le nom de Rhône maritime, par la double raison qu'il a conquis son lit et ses rives sur le domaine de la mer et qu'il est seul ouvert à la navigation maritime.

Le bras principal du fleuve était autrefois semé d'îles nombreuses et étendues qui, depuis, se sont presque toutes soudées à la Camargue ou à la terre ferme. Plusieurs domaines en ont retenu leurs noms, tels Filon des Canards, l'Ilon des Bécasses, le Veau, le Poivre, etc. Ces noms bizarres désignaient les redevances en nature que les tenanciers payaient à la ville d'Arles, propriétaire jusqu'en 1789 des alluvions du Rhône, en vertu des droits utiles de souveraineté qu'elle avait retenus lorsqu'elle était passée sous la domination des comtes de Provence et plus tard des rois de France. Les îles formées aux embouchures, aujourd'hui réunies à la terre ferme, tirent leur nom des navires naufragés qui ont formé le premier noyau de l'atterrissement ; île ou *they* de l'*Annibal*, du *Périclès*, de l'*Eugène*, etc.

Le tirant d'eau des bateaux qui naviguent sur un cours d'eau se règle nécessairement sur la plus faible profondeur de ce cours d'eau. Le minimum de profondeur du bas Rhône est à dix kilomètres en aval d'Arles, au seuil de Galiguan, point sur lequel le fleuve roule directement sur le diluvium de la Crau et où le tirant d'eau, par les eaux moyennes, est réduit à deux mètres. Et comme ce diluvium très dur n'a pas varié depuis l'origine des temps historiques, il est certain que les navires circulant entre Arles et la mer n'ont jamais pu caler plus de deux mètres. Dans ces dernières années, l'Etat a exécuté des travaux importants pour améliorer le cours du Rhône. Ces travaux consistent en digues submersibles qui canalisent le courant, lorsque les eaux sont basses, et le forcent à creuser le lit du fleuve. Ils ont donné de très bons résultats sur le cours supérieur du Rhône, mais en aval d'Arles ils n'ont produit et ne pouvaient produire d'autre effet que de rectifier le chenal, sans modifier le seuil de Galignan qui demeurera ce qu'il est tant qu'il n'aura pas été entamé par la mine. Du reste, l'approfondissement de ce passage n'a plus qu'un intérêt secondaire depuis que le *terminus* de la navigation fluviale a été reporté d'Arles à Port-Saint-Louis.

La longueur du principal bras du Rhône a varié avec l'emplacement de son embouchure. Au commencement de l'ère chrétienne, la bouche navigable était l'*os Massalioticum* située dans l'ouest de l'embouchure actuelle, à 30 milles ou 4i kilomètres d'Arles : Pline et Strabon en font foi. Vers le VIIIe siècle, le Rhône délaissa cette embouchure pour se frayer un passage dans l'est, au point qu'occupe aujourd'hui Port-Saint-Louis. En 1594, le fleuve inconstant se rejette dans l'ouest : son embouchure s'établit à égale distance entre ses deux anciennes bouches. Enfin, en 1713, il revient vers l'est et se creuse le chenal navigable actuel. L'embouchure est aujourd'hui à 48 kilomètres d'Arles.

Ces pérégrinations historiques du Rhône contredisent l'opinion erronée qui veut que les tours de défense construites sur les bords du fleuve aient marqué les emplacements successifs de son embouchure. On retrouve six de ces tours échelonnées sur le grand Rhône et une dizaine sur le petit Rhône ou sur le parcours des anciens bras atterris. La plus éloignée de la mer est à 4 kilomètres d'Arles. Si l'homme habitait ces régions à l'époque inconnue où l'embouchure du Rhône était sur ce point, il n'avait ni la pensée ni le moyen d'édifier de pareilles constructions. La vérité est que les tours du Rhône étaient destinées à signaler les pirates catalans ou sarrasins qui remontaient le cours du fleuve en quête de pillage et à donner asile aux cultivateurs du voisinage, jusqu'à ce que les signaux répétés de tour en tour eussent appelé du secours. Elles ont été construites au fur et à mesure de l'extension des cultures.

De tout temps, les embouchures du Rhône ont présenté de grandes difficultés pour la navigation. Au point où se heurtent le courant fluvial et les vagues de la mer, il se produit à la fois un relèvement des sables marins et un dépôt abondant des matières que l'eau du fleuve tient en suspension. Il se forme ainsi, en travers du fleuve, un écueil sablonneux qui en *barre* le cours (d'où son nom), écueil d'autant plus dangereux qu'il se modifie et se déplace sans cesse, selon la hauteur des eaux, le vent régnant, l'état de la mer, etc. Pour éviter ce passage toujours redoutable, souvent impraticable, Marius fit creuser les *fosses Mariennes* qui donnaient accès dans des étangs navigables communiquant avec le Rhône. Cette voie est depuis si longtemps et si bien atterrie, qu'on n'en reconnaît plus l'emplacement. Richelieu songea à établir un canal du Rhône à la mer, partant de Tarascon et aboutissant à Marseille, mais cette idée n'eut pas de suites. Napoléon conçut le projet du canal d'Arles à Bouc, exécuté vingt ans après la chute de l'Empire et aujourd'hui abandonné par la navigation, à cause de son insuffisance. En 1850, on tenta d'améliorer directement l'embouchure en endiguant le fleuve et en supprimant les bouches secondaires. Ce travail n'eut d'autre résultat que de déplacer la barre sans l'améliorer ; on a même dû par la suite rouvrir les bouches condamnées pour éviter l'envasement trop rapide du golfe de Fos. On revint alors à l'idée d'un canal transversal. Cette idée reçut sa troisième application à Saint-Louis-du-Rhône. Le canal à grande section ouvert sur ce point fonctionne depuis vingt ans. Il permet aux navires d'entrer dans le Rhône et d'en sortir en tout temps sans obstacle et sans danger. La question des embouchures semblait ainsi définitivement résolue, lorsque Marseille a mis en avant un projet reliant directement ses ports avec le Rhône. Nous dirons quelques mots tout à l'heure du canal Saint-Louis et de son futur rival, le canal du Rhône à Marseille.

Section IV

Dans les conditions de navigabilité que nous venons d'indiquer, depuis l'antiquité jusqu'au XVIIIe siècle, les navires de mer remontaient aisément le Rhône jusqu'à Arles. Leur tirant d'eau n'était pas supérieur à la profondeur que l'on trouve sur les seuils les plus élevés du cours inférieur du fleuve.

Dès l'an 217 avant Jésus-Christ, le consul Publius Cornélius Scipion pénètre dans le Rhône avec soixante-cinq galères, pour en disputer le passage à Annibal. Cent ans plus tard, Marius suit la même voie pour venir barrer la route de l'Italie à l'invasion Cimbre (101 avant Jésus-Christ). César, assiégeant Marseille, demande à Arles douze navires (43 avant Jésus-Christ). Quelques années après, il établit dans cette ville une colonie de vétérans. A partir de ce moment, les rapports d'Arles avec Rome et l'Italie se régularisent et se multiplient, le commerce maritime du bas Rhône se développe rapidement. Le port d'Arles auquel il aboutit en acquiert une telle importance que la ville devient le siège de la préfecture des Gaules, la résidence de Constantin et de plusieurs de ses successeurs. Dans un édit célèbre (418), Honorius fait ressortir l'activité de ce port. « L'heureuse assiette d'Arles la rend le lieu d'un commerce si florissant qu'il n'y a point d'autre ville où l'on trouve plus aisément à vendre, à acheter et à échanger les produits de toutes les contrées de la terre… On y trouve à la fois les trésors de l'Orient, les parfums de l'Arabie, les délicatesses de l'Assyrie, les denrées de l'Afrique, les nobles animaux que l'Espagne élève et les armes qui se fabriquent dans les Gaules... Arles est enfin le lieu que la mer Méditerranée et le Rhône semblent avoir choisi pour y réunir leurs eaux et pour en faire le rendez-vous des nations qui habitent sur les rivages qu'ils baignent. »

Le grand rôle d'Arles se soutient pendant le moyen âge. Capitale du royaume qui porte son nom du IXe au XIe siècle, république indépendante au XIIe et au XIIIe, elle doit son importance politique à son importance commerciale. Arles est un des ports d'embarquement pour l'Orient les plus fréquentés par les croisés. C'est de là que part le bon sire de Joinville. La flotte anglaise, allant rejoindre le roi Richard en Palestine, fait escale à Arles ; au XIIIe siècle, les flottes des Génois et des Pisans pénètrent dans le Rhône et s'y livrent même bataille. La République d'Arles conclut des traités de commerce et de navigation avec les républiques de Gênes (1211 et 1237), de Pise (1211 et 1221) et même de Venise (1221 ?). Ces traités nous font connaître les principaux éléments de fret des navires arlésiens. Ils portent en Italie ou en rapportent du blé, des légumes, de l'huile, des salaisons, des toiles d'Allemagne et de Champagne, des draps de France, des bois de charpente et de tonnellerie, etc. Les navires grecs et catalans fréquentent en grand nombre le port d'Arles. L'ordre de Saint-Jean de Jérusalem en fait le siège du grand prieuré de Saint-Gilles et l'un des ports d'attache de ses galères. Les marins d'Arles sont renommés à l'égal des plus habiles. Le pavillon d'Arles au lion d'or sur champ d'argent est prépondérant dans l'ancien *Sinus Gallicus* au point de lui donner son nom, golfe du Lion. Le petit Rhône lui-même a une navigation active qui alimente le port de Saint-Gilles.

La prospérité de la navigation maritime du Rhône se soutint longtemps. Elle commença à décroître lorsque le tonnage des navires augmenta. A partir du XVIIe siècle, les navires étrangers se font plus rares dans le port d'Arles, Marseille les arrête au passage. Le mouvement maritime d'Arles est encore important, mais il n'est plus alimenté que par des navires construits sur place. Ces navires que l'on nomme des allèges sont appropriés à la navigation mixte à laquelle ils sont destinés. Leurs formes sont trapues, leur tonnage varie de 20 à 50 tonneaux. Leur mâture se compose d'un beaupré et d'un mât pourvu d'une vergue unique gréée d'une voile latine. Le nombre de ces bateaux est très considérable. Il s'élève à plusieurs centaines. Le fret leur est apporté par de grands bateaux plats qui descendent le Rhône au fil de l'eau et le remontant halés par des chevaux.

A l'époque de la foire de Beaucaire, les navires étrangers retrouvent le chemin du Rhône pour apporter les marchandises qui alimentent la célèbre foire.

Cet état de choses s'est prolongé jusqu'au milieu de ce siècle. Il a pris fin lorsque le chemin de fer de Lyon à la Méditerranée a détourné à son profit la plus grande partie du trafic du Rhône supérieur. La marine d'Arles y perdit les principaux éléments de son fret. Dans les années qui suivirent, la transformation de la marine à voiles en marine à vapeur, l'accroissement progressif et constant du tonnage des navires achevèrent sa ruine. L'établissement du canal Saint-Louis lui porta le dernier coup. Le terminus de la navigation fluviale n'est plus à Arles, mais à Port-Saint-Louis. C'en est fait dès lors de la navigation maritime dans le Rhône. Est-ce à dire que le bas Rhône ne rende plus de services au commerce français ? Loin de là. Pour avoir changé de caractère, ses services ne sont pas moins importants. Quelques chiffres vont nous en convaincre.

Au moment où s'ouvrit à l'exploitation la ligne de Lyon à la Méditerranée, le trafic par la navigation du Rhône s'élevait à 500 000 tonnes. Immédiatement après, il tomba à 200 000 tonnes. En abaissant ses tarifs différentiels au-dessous du fret par bateaux, la compagnie du chemin de fer avait détourné à son profit la plus grande partie du trafic fluvial. On put croire à ce moment que la navigation du Rhône était destinée à disparaître à bref délai. Ces craintes ne se sont heureusement pas réalisées.

Les armateurs des bateaux du Rhône surent résister à l'épreuve et mériter par leur constance de regagner le terrain perdu. Lyon et Arles, atteints dans leurs intérêts vitaux, élevèrent des plaintes très vives. Leurs réclamations finirent par obtenir des pouvoirs publics, d'abord la création du port et du canal Saint-Louis, puis l'établissement du système de digues submersibles dont il a été parlé plus haut. Ces travaux ont amené dans les conditions de la navigation fluviale une amélioration qui s'est traduite par un relèvement très marqué du trafic. Pendant les onze premiers mois de l'année dernière, les seuls dont les résultats soient connus à cette heure, le mouvement de la navigation du Rhône s'est chiffré de Lyon à Arles par 550 651 tonnes, et d'Arles à la mer par 254 192 tonnes. C'est une augmentation, sur la période correspondante de 1896, de 92 777 tonnes, ou de 16 pour 100 pour la section de Lyon à Arles, et de 30 589 tonnes, ou 12 pour 100 pour la section d'Arles à la mer.

D'après les résultats acquis, le trafic total de l'année se rapprochera de 600 000 tonnes pour le Rhône supérieur, et de 287 000 tonnes pour le bas Rhône. Ces chiffres dépassent sensiblement ceux du trafic antérieur à l'établissement du chemin de fer. Il est vrai que, s'ils avaient suivi la même progression que l'ensemble du commerce de la France, ils seraient bien plus élevés encore. Tels qu'ils sont, ils témoignent de la part importante qui revient au Rhône dans l'industrie des transports de marchandises. Mais ce n'est pas à ces seuls chiffres que se mesurent les services que la navigation du Rhône rend au commerce français. Si cette navigation n'existait pas, la Compagnie du chemin de fer Paris-Lyon-Méditerranée appliquerait ses tarifs communs à toutes les marchandises circulant entre Lyon, les stations au-dessous de Lyon et Marseille. Pour soutenir la concurrence avec les transports par eau, elle concède à toutes les marchandises susceptibles de prendre la voie fluviale des tarifs différentiels qui abaissent considérablement le prix des transports. Le bénéfice annuel que le commerce retire de l'application de ces derniers tarifs n'est pas inférieur à une dizaine de millions.

Les transports sur le Rhône supérieur étaient autrefois opérés par des bateaux plats halés par des chevaux ou par des bateaux-grappins pourvus d'une puissante machine à vapeur qui actionnait une grande roue dentée roulant sur le fond du fleuve. On y employait également de grands bateaux à aubes, jaugeant de 3 à 500 tonneaux et mesurant de 114 à 147 mètres de longueur pour une largeur de 6 mètres à 6m, 50. Quelques-uns de ces bateaux naviguent encore. Mais la compagnie Havre-Paris-Lyon-Marseille (ancienne compagnie Bonnardel), qui possède de fait le monopole de la navigation sur le Rhône, tend à les supprimer et à faire opérer tous les transports par chalands remorqués.

Le fret de la marchandise sur le Rhône est de 0, 03 centimes par tonne kilométrique. Ce fret est plus abondant à la montée qu'à la descente du fleuve. Cette anomalie apparente résulte de ce que la marchandise qui pourrait alimenter le trafic fluvial à la descente est accaparée par les voies ferrées, grâce au bas prix des tarifs différentiels. C'est ainsi que les houilles du bassin de la Loire sont transportées exclusivement par terre, parce que, de Saint-Etienne à Marseille, elles ne paient au chemin de fer que 3 centimes, comme les marchandises transportées par eau, sans avoir à supporter, comme celles-ci, deux transbordements qui ne reviennent pas à moins de 1 fr. 50 et qui entraînent un déchet de 5 à 10 pour 100. Les principaux éléments du fret sont, à la montée, les grains de Russie et d'Amérique, les phosphates, les vins et les grains d'Algérie ; à la descente, les chaux, les ciments, les papiers. Une partie de ces marchandises circule entre le Rhône et la mer par le canal de Beaucaire à Cette.

Autrefois la navigation fluviale s'arrêtait à Arles. C'est dans ce port que les marchandises étaient transbordées des bateaux du Rhône sur les navires de mer et *vice versa*. Aujourd'hui c'est à Port-Saint-Louis que s'opère le transbordement. De cette façon, les navires de mer ne sont plus limités dans leur tonnage et leur tirant d'eau par les hauts-fonds du bas Rhône. Ces hauts-fonds ne sont pas une gêne pour les bateaux qui circulent entre Lyon et Saint-Louis, car leur tirant d'eau n'est pas inférieur à celui des hauts-fonds du Rhône supérieur. Depuis l'exécution des derniers travaux en rivière, les bateaux trouvent sur leur parcours un mouillage de 1m, 60 pendant 345 jours de l'année, et de 2 mètres pendant 290 jours. Les chômages ont été notablement réduits par les travaux d'approfondissement du Rhône. On peut espérer que la continuation de ces travaux arrivera à les supprimer complètement.

Le port Saint-Louis-du-Rhône est situé à 41 kilomètres en aval d'Arles et à 7 kilomètres en amont de l'embouchure. Il comprend un bassin de 12 hectares de superficie, une écluse au Rhône de 160 mètres de longueur sur 22 mètres de largeur et 7m, 50 de tirant d'eau et un canal communiquant du bassin à la mer de 3 300 mètres de longueur, 6m, 50 de profondeur et 30 mètres de largeur au plafond. Les travaux ont été exécutés aux frais de l'État de 1865 à 1875. Ils ont coûté près de 20 millions.

La création du Port-Saint-Louis n'a pas justifié toutes les espérances qu'elle avait fait concevoir. Cela tient en premier lieu à ce qu'il ne peut y avoir de port actif que là où il existe des armateurs et des maisons de commerce. Il n'en existe pas à Saint-Louis. L'isolement et l'aspect désolé de ce pays où les efflorescences salines empêchent toute végétation arborescente ne sont pas faits pour les attirer. La compagnie propriétaire des terrains n'a exécuté aucun des travaux préparatoires de l'établissement d'un centre de population. Elle a même découragé par l'exagération de ses prix les premiers acquéreurs qui se sont présentés. Enfin, Marseille, dans un fâcheux esprit de jalousie, n'a rien négligé pour entraver le développement de Saint-Louis. Dans ces conditions, la ville espérée se réduit à une bourgade de 1 800 à 2 000 habitants logés dans des baraques en planches. Les seules constructions dignes de ce nom sont l'hôtel construit par la Compagnie des terrains, les magasins de la compagnie Havre-Paris-Lyon-Marseille, un grand entrepôt de pétrole, une fabrique de briquettes de la compagnie de la Grand'Combe, l'entrepôt des chaux du Theil et le dépôt des minerais de la société commerciale de Saint-Louis.

Le mouvement du port ne laisse pas cependant que d'être important. La progression est régulière et continue. De 29 822 tonnes en 1881, il est successivement passé à 146 250 en 1886, 275 394 en 1891 et 291 054 en 1893. Le port Saint-Louis est le quinzième de France et le troisième de nos ports méditerranéens dans l'ordre d'importance du trafic. L'administration des douanes y a perçu 3 415 900 francs de droits en 1893.

Saint-Louis ne s'en tiendra pas là. Quoi qu'on puisse faire, il est et demeurera le terminus géographique et la tête de ligne de la navigation du Rhône. Il offre au commerce de vastes emplacements disponibles qu'on chercherait vainement dans les anciens ports. Enfin il procure aux marchandises de mer qui prennent la voie ferrée une abréviation de parcours de 45 kilomètres qui n'est pas à dédaigner. Les erreurs qui ont retardé son développement ne sont pas irréparables. Les terrains sont vraisemblablement destinés à changer bientôt de propriétaires. Si les acquéreurs disposent des ressources nécessaires pour les mettre en valeur, la prospérité de Saint-Louis pourra en recevoir une vive impulsion.

Ces perspectives d'avenir inspirent à Marseille des alarmes tout à fait déraisonnables. La place de Marseille a une possession d'état contre laquelle Saint-Louis ne pourra jamais lutter, et, loin de traiter l'établissement de Saint-Louis en rival à supprimer, elle devrait y voir plutôt une succursale utile de ses propres établissements. Mais l'intérêt étroit et mal entendu aveugle parfois les intelligences les plus vives. Les Marseillais veulent détruire Port-Saint-Louis, et c'est dans ce dessein principal qu'ils ont conçu le projet actuellement soumis aux Chambres d'un canal reliant directement les ports de Marseille au Rhône. La conception est audacieuse. En quittant la rade de Marseille, le canal aurait à franchir le massif montagneux du Rove par un tunnel de 7 500 mètres de longueur, 22m, 50 de largeur, et 16m, 20 de hauteur. Il longerait ensuite l'étang de Berre, passerait à Martigues et à Port-de-Bouc, et de ce point se dirigerait en ligne droite sur le Rhône. Ce qui prouve bien l'esprit dans lequel le projet a été conçu, c'est que les promoteurs du canal tiennent essentiellement à le faire aboutir au Rhône à 5 kilomètres en amont de Saint-Louis, alors qu'on réaliserait une économie de 5 millions en le faisant arriver à Saint-Louis même, et en utilisant les magnifiques ouvrages déjà existants sur ce point. Le canal de Marseille au Rhône aurait 54 kilomètres de longueur pour 2 mètres de profondeur du Rhône à Port-de-Bouc et 3 mètres de Port-de-Bouc à Marseille. Il coûterait 80 millions, dont moitié à la charge de l'Etat.

En principe, l'ouverture d'une voie de communication nouvelle offre toujours des avantages, et il serait à désirer que le Rhône pût être relié à Marseille, comme il l'est à Cette par le canal de Beaucaire. Mais n'est-ce pas acheter ces résultats un peu cher que de les payer 80 millions ? Il est permis de se le demander. En tout cas, la dépense devrait être à la charge exclusive de Marseille, car l'Etat n'est pas intéressé à ce que, à égalité de prix du fret, la marchandise à destination ou en provenance du Rhône soit manutentionnée à Marseille plutôt qu'à Saint-Louis et la dépense de 40 millions qu'on demande au budget serait plus productive et plus justifiée si elle était appliquée à l'amélioration agricole du delta du Rhône !

Il y aurait encore bien des choses à dire des multiples avantages que l'on pourrait retirer du Rhône, notamment au point de vue de la force motrice et des irrigations. Mais je ne pourrais le faire sans excéder les bornes assignées à une étude sommaire et limitée à une faible partie du cours de ce fleuve. Je crois d'ailleurs en avoir dit assez pour démontrer que le Rhône mérite de figurer au premier rang de nos fleuves de France, par les inappréciables services qu'il rend à notre agriculture aussi bien qu'à notre commerce, et qu'il ne dépend que de nous d'accroître encore considérablement la sommes de ses services.

ISBN : 978-1987483871

www.ingramcontent.com/pod-product-compliance
Lightning Source LLC
Chambersburg PA
CBHW071000220526
45471CB00007B/3117